Jamil Claude

Die Kaltzeiten in Mitteleuropa

Bibliografische Information der Deutschen Nationalbibliothek:

Die Deutsche Bibliothek verzeichnet diese Publikation in der Deutschen National-
bibliografie; detaillierte bibliografische Daten sind im Internet über http://dnb.d-
nb.de/ abrufbar.

Impressum:

Copyright © 2003 GRIN Verlag GmbH
Druck und Bindung: Books on Demand GmbH, Norderstedt Germany
ISBN: 978-3-640-63352-4

Dieses Buch bei GRIN:

http://www.grin.com/de/e-book/91595/die-kaltzeiten-in-mitteleuropa

Albert-Ludwiga-Univeraität Freiburg i. Br.
Institut für Physische Geographie
Hauptseminar: Die Nordhemisphäre im Pleistozän
Referent: Claude Jamil

DIE KALTZEITEN IN MITTELEUROPA

Claude Jamil
Geographie HF
Germanistik HF
Französisch NF

Inhaltsverzeichnis:

I. Einleitung

Der französische Geologe Jules P. Francois St. Desnoyers fügte 1829 einer damals gültigen Gliederung der Erdgeschichte in Primär, Sekundär und Tertiär eine vierte, jüngste Abteilung, als Quartär hinzu. Diese mit 2, 4 mio. Jahren kürzeste Periode der Erdgeschichte wird zweigeteilt in das ältere Pleistozän (das Eiszeitalter i.e.S.), welches ca. die letzten 2 mio. Jahre umfasst. In diesem Zeitabschnitt wechselten Kaltzeiten (sog. Glaziale) mit wärmeren Zwischenkaltzeiten (sog. Interglazialen). Der jüngere Abschnitt des Quartärs umfasst die letzten 10.000 Jahre und wird als Holozän oder Postglazial bezeichnet. Zu Beginn des Quartärs waren die Ostsee und weite Teile der Nordsee nicht von Meer bedeckt. Der Rhein, die Maas und die Themse bildeten ein gemeinsames Flussdelta in Südostengland. In der Mindel-Kaltzeit erreichte das Inlandeis erstmals die Mittelgebirge Deutschlands, danach stieg mit dem zwischenzeitlichen Abschmelzen des Eises der Meeresspiegel an, die Nordsee breitete sich über Schleswig-Holstein, die Elbe- Mündung und die westliche Ostsee aus. Während der Riss- Kaltzeit stieß das Eis von Skandinavien kommend erneut weit nach Süden vor. Während der Würm- Kaltzeit war die Nordsee wieder trocken und das Eis drang in unserer Gegend fast bis Düsseldorf vor. Mit dem Beginn des Holozäns vor etwa 10. 000 Jahren wich das Eis endgültig wieder nach Norden zurück. Seit dem Eisrückzug ist die Ostsee ein Meer, die Schneegrenze stieg in den Alpen um etwa 1200 Meter.

II. Ursachen für Kaltzeiten und Klimaschwankungen

Über die Ursachen der Kaltzeiten wird seit langem gestritten. Im Zusammenwirken mehrerer Faktoren wie Schwankungen der Sonneneinstrahlung, geographische Veränderungen durch Kontinentaldrift und Aufstieg junger Gebirge zu Hochgebirgen, Verlagerung von Meeresströmungen und Polverschiebungen sollten die Ursachen zu suchen sein. Einmal vorhandene Eismassen führten zu Selbstverstärkungseffekten. Auch die heutigen polaren Eiskappen beeinflussen als Überbleibsel der Kaltzeit noch immer tiefgreifend unser heutiges Erdklima. Besonders im Quartär war die Land/ Wasser- Verteilung der Erdoberfläche so angelegt, dass die Entstehung einer Kaltzeit begünstigt wurde. Im Südpolargebiet befand sich ein grosser Kontinent und auch das Nordpolarmeer war grösstenteils von Land umgeben, so dass die Wassermassen des arktischen Ozeans nur in bescheidenem Masse an der Zirkulation des Weltmeeres beteiligt waren. Seit Beginn des Eozäns erfolgte im nördlichen Polargebiet der Aufbau des Island- Färöer- Basaltmassivs. Somit hinderten Island, die Färöer sowie das riesige submarine Basaltplateau, welches Island und die Inselgruppe umgibt, den warmen Golfstrom daran in das Eismeer vorzudringen, wodurch die Zirkulation mit dem Weltmeer mehr und mehr unterbrochen und ein Temperaturausgleich unterbunden wurde. Durch diese Land- und Meeres- Verteilung stellte sich eine starke Klimadifferenzierung zwischen äquatorialen und polaren Breiten ein, was eine Vereisung auf jeden Fall begünstigt hat. (Kahlke 1994: 33) Diese Hypothese stellt jedoch nur eine unter vielen dar, so dass bis heute keine allgemeingültige Erklärung für das Aufkommen der Kaltzeiten gegeben werden kann.

III. Das Klima während den Kaltzeiten

Klimaschwankungen bilden das Wesen des Eiszeitalters. Die Warmzeiten zwischen den Kaltzeiten waren mit unserem heutigen Klima vergleichbar, zum Teil waren sie sogar noch wärmer. Für den wärmsten Abschnitt der letzten Warmzeit wird mit einer um 2° C höheren Jahresmitteltemperatur als in der jetzigen Warmzeit gerechnet. Die jeweiligen Wechsel von Warm- zu Kaltzeit haben innerhalb weniger Jahrzehnte stattgefunden. Über das Wesen der Warmzeiten ist im Einzelnen noch relativ wenig bekannt. Die im Tertiär von sich gegangene kontinuierliche Abkühlung setzte sich im Quartär fort; die mittlere Jahrestemperatur erreichte an der Pliozän- Pleistozän- Grenze etwa 10 °C, die Wassertemperaturen der Tiefsee sanken auf 1,5 °C. Sich ausdehnende Vereisungen an den Polen, in Hochgebirgen und in Hochländern waren für Klima und Lebewesen das bedeutendste Ereignis dieser Zeit. Wie bereits erwähnt gab es während der Kaltzeiten auf dem Nordatlantik große Eisflächen, Treibeis driftete von dort bis vor die Küsten von Portugal und Marokko. Insgesamt waren damals 33% der Festlandsfläche (heute 10 %) vergletschert. Charakteristisch waren eine zyklische Wiederkehr von Kaltzeiten mit Eisvorstößen und von Warmzeiten, verbunden mit Gletscherrückgängen. Während der Kaltzeiten sank die festländische Jahresmitteltemperatur um 4-12 °C, die Temperatur des Oberflächenwassers der Weltmeere um 4-7 °C. Somit war jede Kaltzeit für die Weltmeere mit einer Senkung des Meeresspiegels um ca. 80- 100 m und einem Meeresrückgang verbunden, da die Niederschläge statt in flüssigem Aggregatzustand als Eis anfielen und somit nicht vom Festland in die Flüsse und Meere weitergeleitet werden konnten.

Man weiss, dass beim Vorstoss der Gletscher die randalpinen Seen im Norden wie im Süden - z.B. Thunersee, Walensee und Comersee - mit Eis gefüllt waren. Klimatisch setzte eine solche Vergrösserung des alpinen Eisvolumens eine Senkung der Jahresmitteltemperatur um mindestens 12-15° C voraus. Fossile Käferfaunen, z.B. in den Schieferkohlen von Gossau (ZH), machen genauere Temperaturangaben möglich: Für die letzte Schicht vor der Gletscherbedeckung wurden für den wärmsten Monat 9° C (Zürich-Kloten heute 18° C), für den kältesten Monat -21° C (Zürich-Kloten heute -1° C) berechnet. Das kaltzeitliche Klima war vor allem im Winter wesentlich kälter und somit kontinentaler. Infolge der anhaltenden Kälte wurde in ganz Mitteleuropa der Waldbestand vernichtet und an seine Stelle gesellte sich entweder eine baumlose, subarktische Strauchtundra oder eine Frostschuttzone. Während der wärmeren Interstadialphasen konnten sich Nadelwälder ausbreiten, die im wesentlichen mit den heutigen borealen Nadelwäldern Skandinaviens vergleichbar sind, wobei die Kiefer überwog, aber auch die Birke stark vertreten war (Liedtke 1981: 34).

IV. Die Gliederung des Eiszeitalters in Mitteleuropa

IV.1. Gliederung der Alpen und des Alpenvorlandes

Die Gliederung des Eiszeitalters geht zurück auf den Altmeister Albrecht Penck, welcher in seiner 1883 verfassten Habilitationsschrift *„Über die Vergletscherung der deutschen Alpen"* eine viermalige Vereisung des Faltengebirges erkannte und diese in seinem zusammen mit Eduard Brückner verfassten dreibändigen Standardwerk *„Die Alpen im Eiszeitalter"* (1901- 1909) für den Gesamtalpinenraum konstatierte. Er prägte die Namen der vier Kaltzeiten nach den Flüssen Günz, Mindel, Riß und Würm des Alpenvorlandes. Ihnen zeitlich zugeordnet sind auch die Schotterterrassen des Alpenvorlandes; so lassen sich die Älteren Deckenschotter mit der Günz- Kaltzeit, die Jüngeren Deckenschotter mit der Mindel- Kaltzeit, mit der Hochterrasse die Moränen des Riß- Glazials und mit den Niederterrassen die Würmmoränen zeitlich korrelieren. Später wurden noch weitere quartäre Kaltzeiten benannt, so die Donau- Kaltzeit (EBERL, 1930), die Biber- Kaltzeit (SCHAEFER, 1956/ 57) und die Haslach- Kaltzeit (SCHREINER & EBERL, 1981). Vollständige Profile für die jüngeren Kaltzeiten findet man im nordöstlichen Rheingletschergebiet (SCHREINER & EBERL, 1981) und für die älteren Kaltzeiten an der Aidlinger Terrassentreppe, östlich des unteren Lechs. Für den norddeutschen Raum lassen sich lediglich drei Vereisungen nachweisen, welchen Keilhack (1927/28) die Namen Elster (Mindel), Saale (Riß) und Weichsel (Würm) gab (Liedtke 1981:17).

IV.2. Gliederung des Frühquartärs in Norddeutschland

Zu Beginn des Quartärs fand eine langsame Abkühlung statt. Es ist zu vermuten, dass die erste Inlandvereisung nicht über Skandinavien hinaus wirkte. Erst die Menap- Vereisung (zeitlich parallel zur Günz- Kaltzeit; v. 1,17 mio. – 1,0 mio. [Liedtke; 1990]) ist durch Ablagerung kiesiger Sande, dem „Komplex von Hatten", im deutsch- niederländischen Grenzgebiet nachzuweisen. Der „Komplex von Hatten" besteht aus fluvialen Kiesen, die nordische Geschiebe beinhalten, das haben Bohrungen in der Nähe der Gorlebener Salzstockes ergeben.
Der Zeitraum 0,85 mio. – 0,76 mio. (Liedtke; 1990) wird als Cromer- Komplex bezeichnet, während dem Schmelzwassersande eines nahen Eisrandes abgelagert wurden. Der Cromer- Komplex ist als Ablagerung auf dem Salzstock von Gorleben vollständig erhalten, allerdings sind keine Moränen nachweisbar. Auch in Polen ist eine zweiphasige Vereisung vor der Elster- Kaltzeit bewiesen – die Narew- Vereisung.

IV.3. Gliederung der Interglaziale

Bei den den Kaltzeiten zwischengeschalteten Warmzeiten handelt es sich im Wesentlichen um die der Weichsel- Kaltzeit folgende Eem- Warmzeit (benannt nach dem während der letzten Warmzeit existierenden Eem- Meer, welches von Süden in das Ijsel- Meer mündete; nach A. Penck: Riß- Würm- Interglazial), die der Saale folgende Holstein- Warmzeit (nach dem Holstein- Meer der vorletzten Warmzeit, wegen seiner vermutet langen Dauer auch als „Großes Interglazial" bezeichnet; nach A. Penck Mindel- Riß- Interglazial) und die der Elster- Kaltzeit folgende Cromer- Warmzeit (nach dem englischen Nordseebad Cromer nördlich von Norwich; nach A. Penck Günz- Mindel- Interglazial).

V. Die Alpen während der Eiszeiten

Während des Quartärs wurde die heutige alpine Landschaft geformt. Die ältesten Eiszeiten im alpinen Raum traten zwischen mehr als 2 und 1,67 mio. Jahren auf. Zum eiszeitlichen Formenschatz zählen unter anderem rundgebuckelte Höhen, Kare, Trogtäler (mit Talstufen, Wasserfällen und Klammen), Seen und Moränenlandschaften. Im Pleistozän kam es durch rasche Klimaveränderung zu einer Schneegrenzendepression um ca. 1.200 m, die im Mindel- und Riß- Glazial um weitere 100 bis 200 m gegenüber heute sank. Die Gebirgsgletscher drangen dabei bis in das Gebirgsvorland vor. Im Inneren der Alpen gab es keine einheitliche Eisdecke, sondern diese wurde durch Berge unterbrochen. Viele Berge waren Kare, an denen sich weitere, lokale Gletscher bildeten – das Eis floss von den höchsten Partien in verschiedene Richtungen ab.

Während der sogenannten Grössten Vergletscherung vor ca. 780.000 Jahren dehnte sich der Rhônegletschers bis an den Hochrhein (Möhlin) aus, und setzte sich aus mindestens zwei Vorstössen dieser Grössenordnung zusammen. Die letzte Kaltzeit, die Würm- Kaltzeit setzte vor 115.000 Jahren an und herrschte bis zu Beginn des Holozäns vor. Verzögert wurde das Ende der letzten Kaltzeit durch eine Kälteschwankung vor 11.500- 10.000 Jahren. Dieser letzte Kältepuls der letzten Kaltzeit wird als die Phase der Jüngeren Dryas bezeichnet (im Fall der Gletscherausdehnung als Egesen Stadium bezeichnet). Ursprünglich nahm man an, dass diese Kältewelle auf die nordatlantische Region beschränkt war. Klimamodelle ordneten dem Nordatlantik die Funktion eines Schrittmachers von Klimaschwankungen zu. Aufgrund der Datierungen von Endmoränen in Skandinavien, den Alpen und in Neuseeland interpretiert die heutige Forschung jedoch auch die Jüngere Dryas als globales Ereignis. Im Postglazial erfolgte dann, wieder in mehreren Phasen, der Übergang zum heutigen Stand der Alpenvergletscherung. Ein Problem besteht weiterhin darin, dass man die Alpenvergletscherung nicht eindeutig mit der nordischen Inlandvereisung parallelisieren kann.

V.1. Die Ausbreitung der Vereisung in den Nord- und Südalpen

Im Süden, an der Grenze des alpinen Bergmassivs an die Po-Ebene, kam es zu einem Gletscherstau und das Eis verlief in vielen separaten Talgletschern. Die Front ist geprägt durch viele Endmoränenbögen, daher auch die Bezeichnung „Moränen-Amphitheater". Da das Gebirge relativ abrupt in die Ebene übergeht, stießen die verschiedenen Vergletscherungen etwa gleich weit vor. Es entstand eine komplexe Moränenstruktur, die aus mehreren Endmoränen gebildet wurde. Im Inneren der Endmoränenbögen entstanden durch Glazialerosion große Felsbecken. In diesen Becken der nord- italienischen Randalpen stauten sich Seen an - der Lago Maggiore, der Lago di Como und der Lago di Garda (von West nach Ost). Im Norden, wo das Klima kühler war, waren die Hänge weniger stark geneigt. Die Gletscher flossen hinunter ins Vorland, wo sie sich zu großen Vorlandgletschern vereinten. Im nördlichen Alpenvorland sind kaum zusammenhängende Endmoränenkomplexe zu finden, da die verschiedenen Gletscher unterschiedlich weit vorstießen. An einigen Stellen wurde das darunter liegende Juragebirge überdeckt, wie das Zentralmassiv bei Lyon durch den Rhône- Gletscher. Die Vereisungslinie verlief nördlich des Bodensees, südlich Münchens bis 80 km süd- südwestlich von Wien. In der Schweiz drang das Riß- Glazial am weitesten in das Vorland vor, während in den deutschen Voralpen die Mindel- Kaltzeit die größte Ausdehnung besaß.

V.2. Die pleistozänen Eiszeiten im Alpenvorland Süddeutschlands

Die beiden ältesten quartären Vereisungen – Biber- und Donau- Kaltzeit – hinterließen glaziofluviale Formen im Alpenvorland auf der Riß- Iller- Lechplatte. Die Riß- Iller-Lechplatte nimmt eine besondere Position ein, da sie günstige Voraussetzungen bot, frühe Eiszeitspuren zu konservieren. Auf Grund von Hebungsbewegungen kam es zur verstärkten Akkumulation und zu zahlreichen Talwechseln der Schmelzwasserströme, die sich in die Randbereiche der anstehenden, verwitterungsanfälligen tertiären Molasse- Abfolgen einschnitten. Es kam zur Umkehrung der ursprünglichen Reliefverhältnisse; ehemalige Rinnefüllungen wurden zur Bedeckung der Molasseriegel, daher stammt auch die Bezeichnung Deckenschotter. Die Mindel- Kaltzeit hinterließ im Alpenvorland die erste komplette glaziale Serie. Auch sind erstmalig Übertiefungen nachgewiesen, welche durch glaziale Erosion der Zungenbecken, am Ausgang großer Alpentäler, geformt wurden. Es bildeten sich Bachtäler, deren Fließrichtung entgegengesetzt zur

Fließrichtung des Eises war. Die Riß- Kaltzeit erreichte in weiten Teilen des Schweizer Alpenvorlandes die größte Ausdehnung, wie durch ihre glaziale Serie und Hochterrassen nachgewiesen worden ist. Die Riß- Kaltzeit ist auch geprägt durch eine starke reliefformende glazialerosive Ausräumung; Tallängsprofile wurden stark übertieft. Es war unter anderem eine Folge häufiger Talwechsel (z. B. der Donau, der Iller und des Rheins). Zu den Talwechseln kam es im Vorfeld der risszeitlichen Gletscher durch Schotterakkumulation und darauffolgende Überlaufdurchbrüche. Von allen Kaltzeiten ist die Formenvielfalt der Würm- Kaltzeit am vollständigsten und am besten erhalten. Diese stammt hauptsächlich aus der glazialen Serie des letzten Gletschervorstoßes mit seinem Maximalstand vor 18. 000 Jahren (Dauer: 10.000 Jahre), ältere Gletschervorstöße wurden dabei überfahren und überformt (Liedtke; 1990). Die inneren Teile des Eisvorstoßes sind durch Felsbecken (Stammbecken) gekennzeichnet. Während des Abschmelzens wurde hier das Wasser zurückgehalten, so dass Stauseen entstehen konnten. Diese wurden später mit Ton und anderen Sedimenten verfüllt, es entstanden große Ebenen die heute einen sumpfigen Charakter haben.

VI. Entstehung und Eigenschaften der Gletscher

VI.1. Entstehung von Gletschereis

Gletschereis entsteht allgemein durch eine kontinuierliche Schneeansammlung oberhalb der klimatischen Schneegrenze, wo die Nettoakkumulation die Nettoablation übersteigt. Der pulverartige Neuschnee verwandelt sich dabei durch thermische und druckbedingte Umwandlung zuerst zu Altschnee, dann zu Firn und schliesslich zu Eis. Bei der Temperaturmetamorphose kommt es durch Regelation (Tauen und Wiedergefrieren) zum Zusammenfrieren von Körnern, während es bei der Druckmetamorphose durch Winddruck, Überlagerungsdruck (von Schnee- und Gletschereismassen) oder Bewegungsdruck (Kriechen, Gleiten oder Rutschen bei Schnee- und Gletschereisbewegung) zur Eisbildung kommt. Bei Firn bzw. Firneis handelt es sich um Schneeablagerungen, die schon mehrere Jahre liegen, eine Unterscheidung von Sommer- und Winterschichten ist daher möglich. Als Endprodukt in dieser Kette entsteht dann luftundurchlässiges Gletschereis. Man unterscheidet zwischen dem Nährgebiet eines Gletschers, in welchem ein Niederschlagsüberangebot vorherrscht und welches ca. 3/4 des Gletscherareals umfasst sowie dem Zehrgebiet eines Gletschers, in welchem die Ablation überwiegt.

VI.2. Schneegrenzen:

Die Firngrenze trennt das Nährgebiet (Akkumulationsgebiet) vom Zehrgebiet (Abschmelzgebiet). In diesem Zusammenhang spielt die Lage der temporären Schneegrenze eine große Rolle; man unterscheidet zwischen einer:

a) **Klimatischen Schneegrenze**: jene Grenze, bei der die Temperatur (infolge der Temperaturabnahme mit der Höhe) nicht mehr ausreicht, um den im Durchschnitt mehrerer Jahre gefallenen Schnee noch zu schmelzen. Oberhalb dieser Grenze kann es zur Gletscherentstehung kommen.

b) **Orographische Schneegrenze** (lokale oder reale Schneegrenze): tatsächliche Schneegrenze, die sich unter Einbeziehung des Reliefs (z.B. Steilhänge) und der Exposition (Sonnen- oder Schattenlagen) ergibt. Diese kann höher oder tiefer als die klimatische Schneegrenze liegen.

Allgemein betrachtet ist die Schneegrenze die Grenze des ewigen Schnees.

VI.3. Gletscherbewegung:

- **Das plastische Gleiten:** Bei dieser relativ langsamen Form der Gletscherbewegung bleiben die oberflächennahen Teile des Gletschers meist relativ starr, während sich die unteren Teile unter Druckeinfluss eher plastisch verhalten. Der Gletscherstrom folgt dem Tal stromartig und verbreitert sich in Becken oder Ebenen kegel- oder fächerförmig; die Intensität der Bewegung wächst mit der Neigung, dem Druck und der Temperatur bzw. wird durch zunehmende Reibung (z.B. bei Talverengung) vermindert.

- **Scherflächenbewegung:** In starren Bereichen des Gletschers kommt es an Scherflächen zu einer diskontinuierlichen (ruckartigen) Bewegung und der Bildung von Gletscherspalten. Querspalten bilden sich besonders an Gefällsbrüchen, während Längsspalten meist das Ergebnis von Bewegungsdifferenzen innerhalb des Gletschers selbst sind. Dadurch kommt es oftmals zum Aufreißen von Randspalten zwischen der schneller fließenden Mittelzone und der langsamer fließenden Randzone. Radialspalten durchsetzen oft die Gletscherzunge infolge allmählich abnehmender Mächtigkeit des Eises an der Gletscherzunge.

- **Blockschollenbewegung:** Bei der Blockschollenbewegung, welche in relativ steilem Gefälle und bei relativ grosser Geschwindigkeit stattfindet, bewegt sich der Gletscher in Blockschollen fort, wobei sich der Druck starr von einer Scholle auf die nächste überträgt. Die Schollenränder stellen dabei gleichzeitig auch die Gletscherränder dar und füllen die ganze Talbreite aus, so dass die Geschwindigkeit der Schollen und die der Gletschermitte quasi identisch sind. Durch ihr Gewicht üben die Blockschollen einen starken Druck auf den Untergrund aus, so dass hier intensive Erosionsarbeit geleistet und die Täler und Hohlformen stark übertieft werden. (Leser 1998:151)

VI.4. Gletschertypologie

Man unterscheidet zwischen dem Relief unter- und übergeordneten Gletschern. Bei dem erstgenannten Typus handelt es sich um Gebirgsgletscher, bei der zweiten Kategorie um Plateaugletscher, Inlandeismassen kontinentalen Ausmasses und teils treibendes Schelfeis.

a) Gebirgsgletscher

Talgletscher sind die häufigsten Formen der meisten Hochgebirge. Sie erfüllen als Eisströme ursprünglich fluviatil geschaffene Täler und können durch Vereinigung mit anderen Gletschern ein Eisstromnetz bilden. Charakteristisch für Talgletscher ist eine auffällige Bänderung durch den Wechsel von weißem, lufthaltigem Wintereis mit grünlich-blauem, luftarmen Sommereis.

b) Inlandeismassen

Inlandeisdecken bedecken ganze Landschaften mit unterschiedlichem Relief (Gebirgs- und Flachland) als mächtige Eiskappen kontinentalen Ausmasses. Das nordische Inlandeis des Pleistozäns reichte von Irland über Deutschland bis nach Kiew (mehr als 8 Mio. km^2) und hatte im Zentrum eine Mächtigkeit von bis zu 3000 m. Zu Beginn des Weichselhochglazials stiess das nordische Inlandeis mit beachtlicher Geschwindigkeit innerhalb von rund 7. 000 a bis zu seinem äussersten Rand vor, wo die Brandenburger Endmoräne abgelagert wurde. (Liedtke 1981:39). Das Pommersche Stadium ist die am besten erhaltene Endmoräne des gesamten ehemals vereisten Gebietes Norddeutschlands, auch die Abfolge einer Glazialen Serie ist meist noch überall recht gut erkennbar. Das hochglaziale Inlandeis der Weichsel- Kaltzeit bewegte sich allerdings nicht in Form einer homogenen Masse, sondern setzte sich aus mehreren grossen Inlandeis- und Gletscherströmen verschiedener Herkunftsgebiete zusammen, welche durch Gletscherstromscheiden voneinander getrennt waren. Die Inlandeisströme bestanden aus mehreren, teils gleichzeitig, teils nacheinander wirksamen grossen Gletscherströmen oder Loben. So wurden die dänischen Inseln und Schleswig- Holstein durch den Beltseegletscherstrom (zwischen Fünen und Seeland; DK) gestaltet, an den sich südwärts der ebenfalls sehr breite Odergletscherstrom anschloss (Liedtke 1981: 38).

c) <u>Schelfeis</u>

In Polarmeeren schwimmende Eismassen werden als Schelfeis bezeichnet und haben heute eine Gesamtfläche von 1,3 Mio. km^2. Das Schelfeis wird großteils durch Schneeakkumulation ernährt und nur zum Teil durch kalbende Landgletscher; die größten rezenten Schelfeise um die Antarktis sind das *Ross-Schelfeis* (530.000 km^2) und das *Filchner Schelfeis* (400.000 km^2)

VII. Die Arbeit der Gletscher: Glaziale Abtragungs- und Aufschüttungsformen

VII.1. Abtragungsformen

VII.1.1. Definition Glazialerosion

Eis wirkt als exogener Faktor auf die Entstehung und Formung des Reliefs. Davon ausgelöste Prozesse sind Abtragung, Transport und Ablagerung. Glazialerosion ist ein Überbegriff für drei Teilvorgänge von Abtragung, die alle auf die formenschaffende oder umformende Arbeit bewegten Gletschereises zurückgehen, wobei insbesondere der Frostsprengung eine zentrale Rolle zukommt. Dieser Begriff fasst also Erosion im engeren Sinne und Denudation durch das Eis zusammen. Die Teilvorgänge sind Detersion, Detraktion und Exaration.

VII.1.2. Glaziale Erosionsprozesse

- **Detersion** (lat. *deterere* = zerreiben)

Durch das vom Gletschereis mitgeführte Material (Gesteine, Grob- und Feinboden), welches als Grundmoräne aufgenommen wurde, kommt es zum Abschleifen und Ausschürfen des Felsuntergrundes sowie zu Glättungen und Schrammungen an der Gletschersohle. Der Eisschurf wird auch als *Korrasion* (lat. *corradere* = zusammenkratzen) bezeichnet, am Untergrund entstehen Gletscherschrammen oder -schliff, auch Moränen werden gekritzt (gekritztes Geschiebe sind Kennmerkmale für Moränen). Der Druck des Eises spielt dabei die entscheidende Rolle, da Felsuntergrund und Moränenmaterial bei höherem Druck besser erodiert werden können. Diese Form der Glazialerosion ist an der Vorderseite des Gletschers stärker ausgeprägt, weil der Druck hier höher ist.

- **Detraktion** (lat. *detrahere* = entziehen)

Herausbrechen- und reißen von Gesteinssplittern und gelockerten Felsteilen durch das Eis infolge von lokaler Druckentlastungsverwitterung oder Frostsprengung durch häufiges Tauen und Gefrieren beim Weiterbewegen des Gletschers. Dies geschieht dadurch, dass sich der Druck des Gletschers auf seine unteren Eisschichten ändern kann. Druckzunahme bedeutet, dass sich die innere Energie eines Körpers erhöht, welche dieser dann in Wärme oder, wenn die Energie groß genug, ist zur Aggrgatzustandsänderung umsetzen kann. Bei Druckentlastung wird dieser Prozess umgekehrt. Die anfallenden Verwitterungsprodukte werden dann ebenfalls mit dem Gletscher mitgeführt. Diese Erosionsart ist vor allem auf der Leeseite des Hindernisses ausgeprägt, weil sich hier der Druck öfter ändern kann. (Ahnert 1996:335)

- **Exaration** (lat. *exarare* = auspflügen, ausschürfen)

Diese Abtragungsform besitzt eine ausräumende bzw. ausschürfende Wirkung, bei welcher besonders Schwächezonen oder Lockersedimente ausgeräumt werden. Durch einen erneuten Gletschervorstoß kommt es zu einem Zusammenschieben und -auffalten von vormals vor dem Gletscher abgelagerten Schutt. Dies geschieht meist an der Gletscherstirn.

VII.2. Formen der Glazialerosion

Die Vorgänge der Glazialerosion hinterlassen in der Landschaft charakteristische Formen, die nur in vormals vergletscherten Gebieten vorkommen oder in solchen, die heute noch vergletschert sind. Zu diesen Formen der Eiserosion zählen Trogtäler, Riegel, Becken, Hängetäler, Kare, Diffluenz- und Konfluenzstufen, Rundhöckerlandschaften, Schliffe, Schrammen und Furchen. Auf einige dieser Erosionsformen soll im Folgenden eingegangen werden.

VII.2.1. Die Rundhöckerlandschaften

Das Ergebnis der abschleifenden Wirkung des Gletschereises ist die Zurundung aller ursprünglich kantigen Formen. Dabei kann es zur Entstehung von Rundhöckern und Rundbuckeln kommen, wobei die Angriffseite (Luvseite) der Rundhöcker infolge der Detersion flacher und glatter ist als die durch Detraktion bearbeitete, rauere Leeseite. Dazwischen liegen glaziale Wannen, welche durch Exaration ausgeräumt wurden. Glazial gebildete Rundhöckerlandschaften (allgemein auch als Rundhöckerfluren bezeichnet) sind beispielsweise auch die Schärenküsten Skandinaviens, wo die höheren Teile als Inseln über das Wasser ragen, während die glazialen Wannen heute überflutet sind. Rundhöcker sind also asymmetrische Felsbuckel mit stromlinienförmig gerundeter, abgeflachter Stoßseite und kantiger von Kluftflächen begrenzter Leeseite. Sie werden durch Detersion und Detraktion des Felsuntergrundes gebildet (Ahnert 1996).

Die Entstehung von idealen Rundhöckern ist von drei Faktoren abhängig: 1. Der Felsuntergrund muss dem Eis lange genug ausgesetzt gewesen sein. 2. Die Fließrichtung des Eises muss immer die gleiche geblieben sein. 3. Das Eis muss eine Temperatur nahe 0°C gehabt haben. Bei Temperaturen nahe dem Druckschmelzpunkt kann das Eis schnell schmelzen wenn der Druck steigt. Dann bildet sich ein Wasserfilm, der den Fels glättet und ihm, falls andere feste Bestandteile im mitgeführten Material enthalten sind, die typischen Schrammen zuführt, an denen die Fließrichtung des Gletschers erkannt werden kann. An der Leeseite, wo der Druck auf das Eis wieder abnimmt, da der höchste Punkt des Felses überschritten ist, gefriert das Eis und reißt Gesteinsbrocken mit sich, wodurch sogenannte Kluftflächen entstehen. Kommt es zur selektiven Erosion, z. B. durch unterschiedliche Fließgeschwindigkeiten oder unterschiedliche

Widerstände des Gesteins, so bilden sich Felsbecken, die mit Wasser gefüllt werden wenn das Eis abschmilzt. (Kuhle 1991:28f.)

VII.2.2. Die Kare

Aufbau

Kare sind die Ausgangspunkte der Gebirgsvergletscherung. In Mulden hoher Berge sammelte sich Schnee an, der auch im Sommer nicht taute, es kam zur Verfirnung und Bildung von Gletschereis. Dieses begann allseitig bergab zu fließen, es setzten Detersion und Detraktion ein, die Hänge wurden versteilt und es entstand die charakteristisch leicht gewölbte Karform, Kämme und Grate (Liedtke:1990). Kare sind ein sehr gutes Beispiel für die Glazialerosion. Sie sind trogförmig und weisen eine Übertiefung des Bodens auf, woraus sich die sogenannte Karschwelle am Ausgang des Kars ergibt. Das Kar wird von Felswänden, welche sehr steil sind, umgeben. Der Unterschied zu Trogtälern liegt in der Längserstreckung, welche bei Karen wesentlich geringer ist.

Entstehung

Für die Formung eines Kars ist eine strukturelle Vorprägung nötig. Diese Vorform muss eine bodenähnliche Verflachung haben, z.B. Talursprungsmulden. In diese Verflachung weht dann Schnee ein, der feinen Verwitterungsschutt mitführt. Da hier jetzt mehr Schnee als in den umgebenen Gebieten liegt, dauert es auch länger bis dieser im Sommer abtaut. Ab einer gewissen Grösse kann dieser Schneefleck den Sommer sogar überdauern. Dadurch nimmt die Frostverwitterung zu und eine kleine Vertiefung mit einer Rückwand entsteht. In diese Vertiefung kann sich dann erneut Schnee einlagern. Aus den Schneemassen kann sich, wenn sie mächtig genug sind und dadurch der Druck hoch genug ist, das Gletschereis bilden. Eine wechselnde Schneegrenze ist für die Bildung eines Kars günstig, weil die Verwitterung und damit die weitere Entwicklung des Kars unter einer ununterbrochenen Eiseinlage nicht so stark ist. (Kuhle 1991, Leser 1998) Der Karboden vertieft sich als Folge des Abschleifens des Eises weiter, das sich senkrecht von den Felswänden wegbewegt. Dadurch steigt der Druck im Inneren des Kars und die Erosionsleistung wird erhöht. Die Karwände sind, wie bereits erwähnt, sehr steil, was eine Folge der sehr intensiven Erosion an ihrer Oberfläche ist. Dies geschieht zum Einen durch das in das Kar hineinfliessende Eis selbst, zum Anderen durch Frostsprengung an der Schwarz - Weiß - Grenze. Dies ist die Grenze von abgelagertem Schnee und Eis und dem Fels. Schwarze Flächen nehmen Wärme besser auf, so dass das Eis in seiner Umgebung schneller abschmilzt. Dadurch kann das Schmelzwasser in den Fels eindringen und mittels der Frostsprengung Teile von diesem abtrennen. Als Folgen entstehen die steilen Karwände.

Sonderformen

Karlinge: Sie entstehen, wenn sich Kare an mehreren Seiten eines Berges ausprägen. Der Berg wird dann zur Pyramide mit sehr steilen Wänden geformt. (z.B. Matterhorn)

Großkare: Entstehen durch die Erosion der Seitenwände zweier Kare.

Kartreppen: Mehrere übereinander liegende Kare werden in ihrer Gesamtheit Kartreppe genannt.

Karseen: Bilden sich nach dem Abtauen des Eises in dem übertieftem Bereich aus.

VII.2.3. Die Trogtäler

Aufbau

Vom Rand des muldenförmigen Talbodens erheben sich relativ steil die Trogwände, an deren oberen Rand (Trogkante) sie in sanfter ansteigende Hänge übergehen, das Schliffbord. Oberhalb mancher Trogtäler kommen oft auch Verebnungen vor, die dann als Trogschulter bezeichnet werden. Die darüber aufsteigenden Hänge sind unausgeglichen rau und kantig und kennzeichnen Bereiche, die nicht glazial überformt wurden (sog. Nunatakkr).

Entstehung

Der Verlauf von Trogtälern (z. B. im Berchtesgadener Land) ist durch voreiszeitliche fluviatile Kerbtäler vorgegeben, d.h. der Gletscher folgte einer bereits vorhandenen Tiefenlinie (Tal). Im Längsschnitt eines Trogtales kann man meist eine Aufgliederung in Schwellen (Riegeln) und Wannen (Becken) erkennen. Diese Stufenbildung kann verschiedene Ursachen haben (v.a. vom Gesteinsuntergrund abhängig). Beim Zusammenfluss zweier Gletscher entstehen meist **Konfluenzstufen** (lat. *confluere* = Zusammenfließen), da durch die Vergrößerung der Eismassen auch eine stärkere Erosionstätigkeit möglich ist. Eine besondere Art der Stufenbildung zeigt sich bei den **Hängetälern**. Dabei handelt es sich um Täler kleinerer Nebengletscher, die hoch an der Trogwand eines größeren Haupttales enden. Diese entstehen, da sich die

Nebengletscher nicht so stark eintiefen konnten wie der Gletscher des Haupttales. In den Alpen haben sich aber meist schon die heutigen Bäche tief eingeschnitten und Klammen bzw. Schluchten in diesem Bereich gebildet (z. B. Breitachklamm bei Oberstdorf). Die letzte Möglichkeit der Stufenbildung ist in einer unterschiedlichen Gesteinshärte zu sehen, so dass die Erosionsleistung unterschiedlich stark ausfällt und eine Stufe entsteht. Trogtäler treten nicht nur in Gebieten der Gebirgsvergletscherung auf, sondern auch in Skandinavien und Spitzbergen, wo die Nordische Inlandvereisung ihren Ursprung hat.

VII.2.4. Fjorde sind eine Besonderheit glazialer Trogtäler. Die Trogtäler wurden bei tiefer liegendem Meeresspiegel während des Pleistozäns angelegt und sind meist sehr lang und stark übertieft. Nach dem Eisrückgang und dem Meeresspiegelanstieg wurden diese Täler überflutet. Beispiele für diese steilwandigen Meeresarme bieten die Küsten Norwegens, Kanadas und der Südinsel Neuseelands.

VII.2.5. Zungenbecken sind weite, wannenartige Hohlformen in anstehendem, weichem Gestein oder in vorgeschütteten Ablagerungen. Oft wird diese Hohlform noch von einem Endmoränenwall verstärkt. Zungenbecken entstehen durch Exaration unmittelbar hinter der Stirnfront aktiver Gletscherzungen. Nach dem Rückzug der Gletscher bleibt eben diese Hohlform zurück, die danach oft mit Wasser aufgefüllt wurde, es kommt zur Entstehung von Seen im Vorland der Gebirge (vgl. Seen im deutschen und österreichischen Alpenvorland, z. B. Traunsee, Attersee, …)

VII.2.6. Urstromtäler sind eine geomorphologische Besonderheit des Flachlandes südlich der Ostsee, da die Inlandeismassen hier gegen ansteigendes Gelände vorrücken mussten und so die nach Norden hin entwässernden Flüsse als natürliche Blockade zu einer Verlegung ihres Flussbettes, meist in westliche Richtung zwangen. Fortan wurden diese ostwestlich verlaufenden Flusssysteme nicht mehr nur mit den Abflüssen des eisfrei gebliebenen Vorlandes gespeist, sondern zusätzlich mit den von Norden her kommenden Schmelzwasserabflüssen des Nordischen Inlandeises. Diese Urstromtäler verlaufen in etwa parallel zur ehemaligen Eisrandlage und entstanden anlässlich des Rückschmelzens der Eismassen, was das Fehlen einer Grundmoräne an der Talsohle erklärt. Deshalb gilt auch, je nördlicher ihre Lage, desto jüngeren Alters sind sie. Man unterscheidet zwischen vier Urstromtälern, wobei das südlichste und damit zugleich auch älteste das Breslau- (Magdeburg-) Bremer-

Urstromtal ist. Nach Norden hin folgen das Glogau- Baruther Urstromtal, das Warschau- Berliner Urstromtal und das Thorn- Eberswalder Urstromtal. Jedes dieser Urstromtäler steht mit einem Endmoränenzug in Verbindung; ein weiterer Beleg dafür, dass die Urstromtäler zeitlich nachgeordnet in Funktion waren. Mit Ausnahme des Breslau- Bremer Urstromtales benutzten alle Urstromtäler die Untere Elbe als Vorfluter, welche die Schmelzwässer dann in die Nordsee führte. Die Urstromtäler werden heute von der Elbe oder der Weichsel als rezentes Flusstal benutzt. (Liedtke 1990)

VII.3. Glaziale Aufschüttungsformen

Zwei glaziale Aufschüttungsformen sind zu unterscheiden: Moränen und fluvioglaziale (glazifluviale) Ablagerungen.

VII.3.1. Moränen

Moränen bestehen aus ungeschichteten, unsortierten Lockersedimenten und kantigen bis kantengerundeten, gekritzten Gesteinsblöcken unterschiedlicher Größe (Schottern, Sand und Lehm). Je geringer die Entfernung zum Herkunftsort ist, desto kantiger sind auch die Blöcke. So sind die nordischen *Erratica* (Findlinge, z.B. in Norddeutschland, die ursprünglich aus Skandinavien stammen) meist besser zugerundet als alpine Geschiebe. Wandermoränen sind solche, die noch vom Eis mitgeführt werden. Zu diesen gehört die **Obermoräne**, die man vor allem im Zehrgebiet an der Oberfläche stark abschmelzender Gebirgsgletscher beobachten kann. Als **Innenmoräne** bezeichnet man das gesamte Material, welches intraglazial vom Eis transportiert wird. Ober- und Innenmoräne(n) werden kaum vom Eis bearbeitet, als Komponenten bleibt kantiger Schutt übrig. Das Material der **Untermoräne** wird dagegen an der Gletscherbasis stark abgeschliffen und zerkleinert und schleift selbst an der Gletschersohle. An den Seiten mitgeführte oder bereits abgelagerte Moränen nennt man **Seitenmoräne**. Bei der Vereinigung zweier Gletscher und ihrer Seitenmoränen können **Mittelmoränen** entstehen, die oft kilometerlang als dunkle Schuttbänder im Gletscher verfolgt werden können. Bereits abgelagerte Moränen werden je nach ihrer Lage zum Eisrand und nach ihrer Genese typisiert. Die **Grundmoräne** im engeren Sinn ist die abgelagerte Untermoräne. Sie wird vor allem bei Stillstand und nachfolgendem Rückzug eines Gletschers abgelagert. Verhält sich die Gletscherstirn für längere Zeit stationär (d.h.

Abschmelzen und Materialnachschub halten sich die Waage), bilden sich **Endmoränen**. Nach vollständigem Abschmelzen des Gletschereises bleibt dann oft ein landschaftsprägender Höhenrücken erhalten (z.B. blieb am Gardasee ein Endmoränenkranz von 300 m Höhe zurück). Beim Rückzug eines Gletschers schmelzen Geschiebe aller Größen aus der zurückweichenden Gletscherzunge aus und bedecken als wirre Haufen das Gletschervorfeld (**Rückzugsmoränen**). Vom Gletscher bereits isolierte Eismassen bleiben als Toteis im Vorfeld zurück. Aufgrund des langsamen Abschmelzens dieser Toteisblöcke bleiben an der Geländeoberfläche kesselartige Einsenkungen zurück, die als Toteislöcher, Toteiskessel oder **Sölle** bezeichnet werden. Außerdem bilden sich beim Gletscherrückzug häufig **Moränenstauseen** in den frei gewordenen Zungenbecken, die dann meist allmählich auslaufen bzw. sich auch plötzlich entleeren können, wenn die Endmoräne dem Wasserdruck nachgibt.

VII.3.2. Fluvioglaziale Ablagerungen

Dort wo Schmelzwasser Moränen durchbricht, erfolgt die Sedimentation der transportierten Partikel entsprechend ihrer Korngröße. Diese Korngrößensortierung und die sich daraus ergebende Schichtung sind die wichtigsten Unterscheidungsmerkmale zwischen fluvioglazialen Ablagerungen und Moränen. Vor der Endmoräne werden fluvioglaziale **Schwemmkegel** abgelagert. Im Alpenvorland bestehen diese Kegel meist aus groben Schottern, die schließlich in die pleistozänen Flussterassen übergehen (**Übergangskegel**). In Norddeutschland bestehen sie meist aus feinerem Material wie Kies und Sand (**Sander**). Diese - im periglazialen Bereich - gelegenen, vegetationslosen Schotter- und Sanderflächen, wurden während der Kaltzeiten vom Wind ausgeblasen und stellen die Hauptliefergebiete des weiter verfrachteten Löss dar. Ausserdem haben sich in diese Flächen durch das Schmelzwasser junge Erosionsformen, die **Trompetentälchen** eingeschnitten, welche ihre Namensgebung ihrem sich nach unten hin trompetenartig ausbreitenden Talende verdanken.

VIII. Die Glaziale Serie

Der Begriff "Glaziale Serie" wurde von A. PENCK geprägt und fasst die regelhafte Abfolge eiszeitlicher Aufschüttungsformen zusammen: Grundmoräne - Zungenbecken - Endmoräne - fluvioglaziales Schotterfeld oder Sander - Urstromtal. Im Alpenvorland gibt es keine Urstromtäler, da hier das Schmelzwasser ungehindert in bereits existierende Täler nach Norden und Süden abfließen konnte. Die Formen und Sedimente der Glazialen Serie sind nur in den Jungmoränenlandschaften (Würm- bzw. Weichsel- Kaltzeit) erkennbar, da in Altmoränenlandschaften die Elemente der Glazialen Serie wegen periglazialer Überprägungen meist nicht mehr zu identifizieren sind.

Die „Glaziale Serie" der Inlandvereisung besteht aus Grundmoräne mit Zungenbecken, Endmoräne, Sander und Urstromtal. Die Grundmoräne kann flach bis wellig oder kuppig sein (Liedtke:1990). Die flach bis wellige Grundmoräne entstand subglazial und relativ weit weg vom Eisrand; die Eismächtigkeit darüber betrug noch mehrere 100 m, so dass es keine Gletscherspalten gab und das vom Gletscher mitgeführte Material nach dem Abschmelzen dort abgelagert wurde. Kuppige Grundmoränen entstanden in der Nähe vom Eisrand, wo das Eis dünner war und oftmals Gletscherspalten auftraten, welche von unten her mit Moränenmaterial verfüllt wurden. Die kuppige Endmoräne besteht aus Material überfahrener Moränen oder vom Eis transportierten Materials. Die Endmoränen entstanden direkt am Eisrand und das vor ihnen hergeschobene Material wurde durch Detersion und Exaration beeinflusst. Nach Abschmelzen des Eises hoben sich die Endmoränenwälle vom sonst flacheren Untergrund ab. Man unterscheidet zwei Arten von Endmoränen. Die **Satzendmoräne** entstand bei stagnierendem oder zurückweichendem Eisrand; ihre Höhe beträgt 30 m bis 40 m und ist damit geringer als bei der Stauchmoräne. Die **Stauchmoräne** wurde durch eine stagnierende Eisrandlage geschaffen, welche jedoch einen erneuten Vorstoss erlebte. Das abgelagerte Moränenmaterial wurde dadurch weiter ineinander und übereinander geschoben – es wurde gestaucht. Vor der Endmoräne, im periglazialen Bereich, befinden sich Schmelzwasserablagerungen, welche im Vergleich zum Material der Grundmoräne feinkörniger sind. So entstand auf geringem Gefälle eine ebene Aufschüttung (falls keine Toteisblöcke darin verschüttet sind), die in Abhängigkeit vom Gelände unterschiedlich begrenzt ist.

Auch das Modell der „Glazialen Serien" in den Alpen geht auf Albrecht Penck zurück. Es besteht aus Zungenbecken, Endmoräne und Schotterfeld (Liedtke:1990). Die Zungenbecken sind meist fast halbkreisförmig durch die Endmoränenwälle umschlossen, im Übergangsbereich kann eine kuppige Grundmoräne erkennbar sein. Durch Gletscher aus regional differenzierten Alpentälern, welche sich aber an den Flanken des Gebirges zu einem größeren Gletscher zusammenschlossen, entstanden Mittelmoränen, wie z. B. beim Zusammenschluss des Inn- und des Chiemseegletschers. Im periglazialen Bereich des Gletschervorstoßes entstanden große Schotterfelder. In bestimmten Regionen (z. B. Memmingen) liegen Schotterfelder verschiedener Glaziale übereinander gestaffelt (Liedtke:1990). Es entstanden Terrassentreppen wie z. B. die Aidlingerterrassentreppe, falls die jeweiligen Gletscher ähnlich weit vorgestoßen waren, dabei aber keine ältere Moräne überfahren wurde. Die älteren Schotter liegen auf den höheren Terrassen. Glaziale Serien wurden oft dadurch beeinflusst, dass sie zeitlich nachgeordnet in enger räumlicher Abfolge entstanden. Dadurch konnte das Schmelzwasser jüngerer Eisvorstöße Durchbruchstäler in älteren Endmoränen schaffen, in welchen sich dann der Sander ausbreiten konnte. Auch Urstromtäler die mehrmals als Abfluss dienten konnten so im Laufe der Zeit einen terrassenartigen Charakter annehmen. (Liedtke:1990)

IX. Eigenschaften einer Altmoränenlandschaft

Das Altmoränenland wurde während den Prä- Würm- Komplexen gebildet und unterscheidet sich vom würmzeitlichen Jungmoränenland durch sein ruhiges und ausgeglichenes Relief. Da diese Landschaftsform nur in früheren Kaltzeiten vergletschert war, wurde sie während der letzten Vereisungsphase lediglich noch periglaziär überformt. Die Vorraussetzung für das Einsetzen solcher periglaziärer Prozesse war die Herausbildung mächtiger Permafrostböden. In Deutschland sind Mächtigkeiten von 50 m nachgewiesen, auf dem Territorium der ehemaligen Tschechoslowakei bis zu 250 m. Die Jahresdurchschnittstemperatur lag bei –6°C bis –4°C, das ist etwa 13 bis 15 K unter der heutigen Temperatur. Altmoränenlandschaften erscheinen heute als relativ „ausdruckslos", da Reliefunterschiede nivelliert wurden. Bei diesem Landschaftstyp kam es im Periglazialbereich vor allem zu Solifluktion und Abluation. Zu Solifluktion oder Bodenfließen kommt es beim Auftauen von Permafrostböden in periglazialen

Bereichen, sie ist abhängig vom Gefälle der Oberfläche und dem anfallenden Schluffanteil. Bei nur oberflächlich aufgetauten Böden sind ca. 6 % Hangneigung erforderlich, nach Einsetzen des Tiefentauens nur noch 2 %. Im Auftauboden kommt es zur Freisetzung von Wasser. Abluation stellt eine Materialverlagerung, besonders beim Abtauen an der Oberfläche dar, bei welcher durch den Schmelzwasserabfluss auch Feinmaterial verlagert wird. Durch Abluation gehen in Jungmoränenlandschaften Feinmaterialien verloren, übrig bleiben die Altmoränenlandschaften mit sandigen Böden. Das erodierte Material wird in Hohlformen akkumuliert, der charakteristische Seen- und Hohlformreichtum einer Jungmoränenlandschaft geht verloren. Der Wandel einer Jung- in eine Altmoränenlandschaft dauert etwa 18.000 bis 20.000 Jahre, wie z. B. in Spitzbergen, wo ein weichselzeitliches Relief in eine hohlformfreie Landschaft umgewandelt wurde.

In Altmoränenlandschaften können Kaven auftreten. Es handelt sich hierbei um nicht (vollständig) verfüllte Hohlformen, die aus präweichselzeitlichen Vereisungen stammen und vermutlich aus horizontalen Eislinsen hervorgingen. Am Außenrand älterer Vereisungen gibt es oftmals keine Urstromtäler. Das ist darauf zurückzuführen, dass der äusserste Eisrand nicht auf Lockermaterial, sondern auf Festgestein verläuft, welches nicht so leicht erodiert werden kann. Wenn eine Eisrandlage nur über kurze Zeit erhalten blieb (wenige 100 Jahre), reichte die Zeit nicht aus um ein Urstromtal zu formen. In diesen Fällen ist die Grundmoräne oft nur einen Meter mächtig und die Endmoränen weniger Markant ausgeprägt, wie z. B. im Moränengebiet Schleswig-Holsteins, des südlichen Mark-Brandenburg oder Posens (Liedtke:1990). Am Rheingletscher blieben von den prä- mindelzeitlichen Gletschervorstössen nur die Schotterplatten der Riß-Iller- Riedel erhalten; vorhandene Moränen stammen erst aus den mindel- und risszeitlichen Gletschervorstössen (Dongus 2000).

IX.1. Oberflächentypen in Altmoränenlandschaften

IX.1.1 Bei hoher Reliefenergie:

• Aufragende Rinnen mit periglazialen Tälern sind als glaziale Rinnen oder Schmelzwasserbahnen entstanden.

• Trotz starker Stauchung kam es bei geringer periglaziärer Wirkung kaum zu Veränderungen. Durch Abluation und Solifluktion kam es höchstens zur Entstehung von schwach ausgeprägten Tälern und Wasserscheiden.

• In Stauchungsgebieten entstanden an den Rändern steil aufragender Erhebungen Schwemmfächer als Ausgleichsfläche.

IX.1.2. Bei geringer Reliefenergie:

• Im flachen Gelände sind die Vorformen der Landschaft noch zu erkennen, da wenig verändert wurde. Viel Material wurde aber denudiert, d. h. Verwitterungsschutt wurde abgespült.

• Große Niederungen erscheinen flach, d. h. sie ähneln einem ebenen Relief, da sie von Mooren überzogen sind. In Wirklichkeit handelt es sich um Schwemmfächer, welche sich zu zentralen Abflussbahnen hin strecken. Ehemalige Seen oder Rinnen sind nicht mehr zu erkennen.

X. Oberflächenformen einer Jungmoränenlandschaft

Als Jungmoränenlandschaft bezeichnet man Gebiete, die durch glaziale Ablagerungen der Weichsel- bzw. der Würm- Kaltzeit geprägt wurden. Das Inlandeis schuf die Grundformen der Reliefumgestaltung sowie der Oberflächenformung. Auch heute bedeutende Becken und Rinnensysteme wurden zu dieser Zeit geschaffen. Die Glaziale Serie ist das wohl wichtigste oberflächenprägende Element, ihre Beschaffenheit ist abhängig vom den Gegebenheiten des Entstehungsortes. So sind die glazialen Serien der Würm- und Weichsel- Kaltzeit unterschiedlich ausgebildet. Die Gestaltung der Gebiete, geformt durch die nordische Inlandvereisung, erstreckte sich über den Westen und Süden der Ostsee, sowie nördlich und östlich des Maximalstandes des weichselzeitlichen Eises, gekennzeichnet durch die Brandenburger Eisrandlage. Ihre Form ist anders ausgebildet als in langzeitlich fluvial geprägten Räumen.

Jungmoränenlandschaften des östlichen Deutschlands sind seenreich, besitzen viele geschlossene Hohlformen (Wannen, Kessel, Sölle), ein unübersichtliches, disperses Gewässernetz und ein relativ junges Glazialrelief. Im Gegensatz dazu sind die Jungmoränenlandschaften Westdeutschlands weniger seen- und hohlformreich, dies ist auf ein höheres Alter zurückzuführen. Auch die Unterteilung in Jung- und

Altmoränenlandschaften geht zurück auf ALBRECHT PENCK & EDUARD BRÜCKNER (1901 – 1909).

Die Glaziären Serien des Bodensee- Jungmoränenlandes entstanden im Oberen Würm vor 22. 000 – 15. 000 a. Zunächst bildete der 230 km lange, würmeiszeitliche Rheingletscher während dem Schaffhauser Stadium den mehrgliedrigen Komplex der Äußeren Jungmoränen. Übergangswälle leiten zum Komplex der Inneren Jungmoränen über (Singener Stadium), welcher wohl vor 18. 000 – 17. 000 a entstand. Es folgen weitere Übergangsstaffeln, an welche sich wiederum die Stammbeckenmoränen des Konstanzer Stadiums anschliessen, die vor ca. 15. 000 a gebildet wurden. Bereits vor etwa 14. 000 a war das Bodenseebecken dann wieder eisfrei (Dongus 2000: 162f.).

Jungmoränenlandschaften charakterisieren sich durch ihren reichhaltigen Formenschatz, wobei auch verschiedene Begleitformen der glazialen Serie auftreten, die allerdings bei der nordischen Inlandvereisung anders aufgebaut sind als dies bei der Alpenvergletscherung der Fall ist (Liedtke:1990).

• An den endmoränennahen Bereich einer kuppigen Grundmoränenlandschaft sind die stromlinienförmigen **Drumlins** als Sonderform gebunden. Hierbei handelt es sich um langgestreckte, elliptische Rücken, wobei die Längsachsen in Richtung der Eisbewegung zeigen. Drumlins treten meist in grosser Anzahl auf und können eine Länge von mehreren Hundert Metern bis zu mehreren Kilometern erreichen, während sie etwa ein Drittel bis ein Viertel der Länge in der Breite erreichen. Dabei überragen sie ihre Umgebung um mehrere Meter. Meist bestehen sie aus Moränenmaterial, aber auch fluvioglaziale Ablagerungen können in Drumlins vorkommen. Drumlins sind eigentlich Ablagerungen eines älteren Eisvorstoßes, die noch einmal von jüngerem Eis überfahren wurden.

• Zu den unmittelbar in der Nähe des aktiven Eisrandes, respektiv in stagnierendem Eis gebildeten Aufschüttungsformen gehören die Oser und die Kames. **Kames** entstanden in Zwischenräumen von Toteisblöcken, wo Schmelzwasser Sanden, Kiese, Schotter und Moränenschutt ablagerten (Press & Siever: 1995). Die Kames (nach dem schottischen Wort „kame" = Hügel) können auch als eine Sonderform der Sanderbildung betrachtet werden, da sie aus geschichteten, fluvioglazialen Sanden und Kiesen bestehen, die am Rand des zerfallenden Gletschereises abgesetzt wurden. Heute bilden Kames 10 bis 20 m hohe Wälle oder flache Hügel die oft terrassenartig abgestuft sind, wobei die Terrassen das schrittweise Niedertauen des Gletschers dokumentieren.

- <u>Kameshügel</u> sind die charakteristischste Kameform mit unregelmässiger Oberfläche, Hangneigungen zwischen 5- 10°, gestörter Schichtlagerung und geschlossenen Hohlformen. Die Höhe erreicht selten mehr als 10 m, und meist kommen zahlreiche Hügel vergesellschaftet vor.

- <u>Kameplateaus</u> stehen meist isoliert und sind 10 bis 20 m hoch, die Hangneigungen wechseln, aber die Oberfläche bildet eine Ebene oder sanftwellige Platte. Die Ausdehnung kann beträchtlich sein und mehrere Quadratkilometer erreichen. Kleine Kameplateaus sind im Umriss oval, länglich oder rund.

- <u>Kamerücken</u> sind durch das Einhalten einer bestimmten Richtung im Gelände gekennzeichnet, denn sie folgen vielfach den Seenrinnen. Ihre Länge überschreitet kaum einen Kilometer, ihre Höhe selten 20 m.

- <u>Kameterrassen</u> sind in Norddeutschland und Polen sehr selten, denn sie treten meist dort auf, wo anstehender Fels auftritt und das Eis in schmalen Zungen vordrang. Kameterrassen entstehen auf stagnierendem Eis oder angrenzend an dieses am Rand gegen ein höheres, bereits eisfreies Gelände; das eine Ufer des Kames wurde dabei von dem eisfreien Gebiet gebildet, das andere sowie die Unterlage vom stagnierenden Eis.

- <u>Passkames</u> können sich dort bilden, wo eine nicht vom Eis bedeckte Verbindung zwischen zwei von Eiszungen erfüllten Tälern vorhanden war.

Alle bisher gefundenen Kames liegen ausserhalb der Endmoränenzüge entweder in deren Vor- oder Hinterland (Liedtke 1981:81).

- Os stammt aus dem Schwedischen und meint Hügelzug. **Oser** sind schmale, gewundene, 5 bis 30 m hohe Kiesrücken. Geradlinige, wie Eisenbahndämme aussehende Oser sind Füllungen von Gletscherspalten, die ebenfalls beim Rückzug des Gletschers gebildet wurden. Manche Oser Schwedens oder Kanadas sind über 100 km (bis zu 450 km) lang. Sie bestehen aus gut gerundeten Sanden, Kiesen und Schottern, was auf ihre glazifluviale Entstehung hindeutet. Die Schichtung, schräg oder horizontal gelagert, fällt in Richtung des Eisvorlandes ein. Oser, welche meist parallel zu der ehemaligen Eisbewegung ausgerichtet sind, können supraglaziär (über einer Inlandeismasse), englaziär (innerhalb einer nicht mehr bewegten Inlandeismasse), subglazial (unter einer Inlandeismasse) oder intraglaziär (zwischen nicht vollständig niedergetauten Resten stagnierenden Eises) aufgeschüttet worden sein. In Norddeutschland befinden sich die meisten Oser im Gebiet der Pommerschen Eisrandlage.

• Bei der Inlandvereisung entstanden außerdem glaziäre Rinnen und Tunneltäler, die oft eine Länge von mehreren Kilometern erreichen können. Ihre Entstehung ist auf das Zusammenwirken von Gletscherschurf und dem Abfließen subglazialen Schmelzwassers zurück zu führen (Liedtke:1990). Der Seenreichtum einer Jungmoränenlandschaft ist mit Toteis zu erklären. Abgescherte Reste des Inlandeises wurden zum Ende des Glazials verschüttet; da sie erst am Beginn des Holozäns vollständig abgetaut und bis dahin vor Sedimentation geschützt waren, hinterließen sie Hohlformen. Diese wurden mit Wasser gefüllt (bei wasserdurchlässigen Schichten nur bis zur Höhe des Grundwasserspiegels) (Liedtke:1990).

XI. Schluss

Die Kaltzeiten des Pleistozäns haben das Relief in grossen Teilen Mitteleuropas wesentlich geformt und geprägt. Nicht nur in den eisbedeckten Gebieten wurden bestehende Landschaftsformen überformt und neu gestaltet, sondern die Auswirkungen der Kaltzeiten wirkten formschaffend über die eisbedeckten Gebiete hinaus, so im Periglazialbereich. In die letzte Zwischenkaltzeit (Altpaläolithikum, Ältere Altsteinzeit; etwa 180.000-20.000 v. Chr.) fällt zudem die erste menschliche Besiedlung des alpinen Raums. Am Beginn der letzten Kaltzeitperiode (vor rund 50.000 Jahren einsetzend) herrschte bereits die so genannte Klingen- und Faustkeilkultur. Funde aus der Postglazialzeit weisen auf eine schon hochentwickelte Kultur hin. Doch auch heute kommt den formschaffenden Prozesse des Pleistozäns noch eine grosse Bedeutung zu, sowohl in wirtschaftlich- ökonomischer Sicht durch die fruchtbaren Böden, welche im Pleistozän geschaffen wurden und auf welchen sich heute besonders im agrarischen Bereich hohe Erträge erwirtschaften lassen, als auch als Naherholungsraum. Man denke hierbei z. B. an die während der Würm-Kaltzeit geschaffenen Zungenbeckenseen, wie der Starnberger See, der Ammersee, der Tegernsee, der Chiemsee sowie der grösste deutsche See, der Bodensee, an welchen Segeln, Angeln und Wassersport sehr beliebt sind und woran sich dann wiederum eine lokale bzw. regionale Tourismusindustrie anschliesst.

XII. Literaturverzeichnis:

- Andersen, Bjorn G.; Borns, Harold W. Jr. (1997): The Ice Age World. Scandinavian University Press Oslo
- Baume, O. (Hrsg.) (1998): Beiträge zur quartären Relief- und Bodenentwicklung (Marcinek- Festschrift) [= Münchener Geographische Abhandlungen Reihe A, Bd. A 49] GEOBUCH- Verlag München
- Behrmann, Jan (2002): Skript zur Vorlesung zur Geologie Europas. ALU Fr. i. Br.
- Blüthgen, Joachim; Weischet, Wolfgang (1980): Allgemeine Klimageographie; 3. Aufl. Walter de Gruyter & Co. Berlin
- Bussemer, Sixten (Hrsg.) (2001): Das Erbe der Eiszeit. Festschrift zum 70. Geburtstag von Joachim Marcinek. Verlag Beier & Beran Langenweißenbach
- Catt, John A. (1992): Angewandte Quartärgeologie. Ferdinand Enke Verlag; Stuttgart
- Dongus, Hansjörg (2000) : Die Oberflächenformen Südwestdeutschlands. Gebrüder Bontrager Berlin Stuttgart
- Ehlers, Jürgen (1994): Allgemeine und historische Quartärgeologie. Ferdinand Enke Verlag Stuttgart
- Imbrie, John; Imbrie, Katherine Palmer (1981): Die Eiszeiten. Econ Verlag GmbH, Düsseldorf und Wien
- Henningsen, Dierk; Katzung, Gerhard (1998): Einführung in die Geologie Deutschlands. 5. Aufl.; Ferdinand Enke Verlag Stuttgart
- Kahlke, Hans Dietrich (1994): Die Eiszeit. 3., korr. Aufl.; Urania Verlagsgesellschaft mbH, Leipzig
- Klebelsberg, R. v. (1949): Handbuch der Gletscherkunde und Glazialgeologie. 2. Bd. Historisch- regionaler Teil. Springer Verlag; Wien
- Klostermann, Josef (1999): Das Klima im Eiszeitalter. E. Schweizerbart'sche Verlagsbuchhandlung; Stuttgart
- Kuhle, Matthias (1991): Glazialgeomorphologie. Wissenschaftliche Buchgesellschaft Darmstadt
- Leser, Hartmut (Hrsg.) (1997): Wörterbuch Allgemeine Geographie. Deutscher Taschenbuch Verlag München und Westermann Schulbuchverlag Braunschweig
- Liedtke, Herbert (1981): Die nordischen Vereisungen in Mitteleuropa (= Forschungen zur Deutschen Landeskunde Bd. 204) Zentralausschuss für deutsche Landeskunde, Selbstverlag, 2. erw. Aufl.; Trier
- Liedtke, Herbert (Hrsg.) (1990): Eiszeitforschung. Wissenschaftliche Buchgesellschaft Darmstadt
- Maisch, M. (1982a): Zur Gletscher- und Klimageschichte des alpinen Spätglazials. In: Geographica Helvetica, Heft Nr. 2
- Maisch, M. (1982b): Neuere Ergebnisse in der Erforschung des alpinen Spätglazials. In: Suter, Jürg (ed.): Kurzfassungen der Vorträge. Hauptversammlung der Deutschen Quartärvereinigung in Zürich [= Physische Geographie der Universität Zürich Vol. 5]. Geographisches Institut der Universität Zürich
- Press, Frank; Siever, Raymond (1995): Allgemeine Geologie. Spektrum Akademischer Verlag Heidelberg
- Romanovsky, V.; Cailleux, André (1970): La glace et les glaciers. [= « Que sais-je ? » nr. 562] Presses universitaires de France Paris
- Schreiner, Albert (1992): Einführung in die Quartärgeologie. E. Schweizerbart'sche Verlagsbuchhandlung; Stuttgart
- Stanley, Steven M.(1994): Historische Geologie. Eine Einführung in die Geschichte der Erde und des Lebens. Spektrum Akademischer Verlag Heidelberg

- Strahler, Alan H.; Strahler, Arthur N. (1999): Physische Geographie. (= UTB 8159) Verlag Eugen Ulmer Stuttgart
- Thome, K. N. (1998): Einführung in das Quartär. Das Zeitalter der Gletscher. Springer Verlag Berlin- Heidelberg
- Tricart, Jean (1963): Géomorphologie des régions froides. Presses universitaires de France; Paris
- Wilson, R. C. L.; Drury, S.A.; Chapman, J. L. (2000): The great ice age. Routledge; London New York